Société chimique des Usines du Rhône

ANCIENNEMENT

Gilliard, P. Monnet & Cartier

PARIS, 6, rue Pigalle

Le Kélène

(CHLORURE D'ÉTHYLE PUR)

en Anesthésie locale

et

en Anesthésie générale

LYON, IMP. A. REY, 4, RUE GENTIL

Société chimique des Usines du Rhône

ANCIENNEMENT

Gilliard, P. Monnet & Cartier

PARIS, 6, rue Pigalle

Le Kélène

(CHLORURE D'ÉTHYLE PUR)

en Anesthésie locale

et

en Anesthésie générale

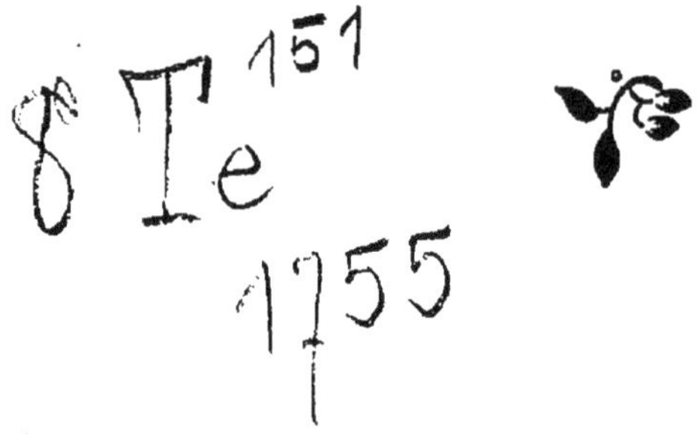

LYON, IMP. A. REY, 4, RUE GENTIL

INTRODUCTION

Bien que le chlorure d'éthyle fût connu depuis assez longtemps comme anesthésique local, son application pratique ne date que du moment où nous avons commencé à mettre en vente nos tubes brevetés de **KÉLÈNE** (CHLORURE D'ETHYLE *pur). A partir de cette époque (1890) l'emploi de ce produit prit une extension chaque année plus grande et se généralisa tout à fait, grâce à nos appareils qui mettaient cet emploi à la portée de tous. Aujourd'hui, nos tubes de* KÉLÈNE *sont universellement connus.*

Encouragés par ce succès, nous nous sommes appliqués, dès le début, à ne livrer qu'un produit absolument supérieur, irréprochable à tous les points de vue, ainsi qu'à perfectionner constamment nos divers modèles de tubes. Nous en avons été récompensés en voyant notre marque conserver partout la préférence sur les produits similaires que certains concurrents ont essayé d'introduire sur le marché.

Dès que les premiers résultats obtenus avec le chlorure d'éthyle en anesthésie générale furent connus, nous avons étudié la production d'un chlorure d'éthyle spécial pour cet emploi et présentant, grâce à une rectification soigneuse, toutes les garanties de pureté exigibles d'un produit destiné à un usage aussi délicat; nous avons en même temps créé un tube gradué approprié à cet usage et répondant aux diverses exigences qui nous ont été signalées.

Pour faciliter les emplois multiples du KÉLÈNE, *nous avons créé une série de modèles. Ayant reconnu que le contact prolongé du caoutchouc et du métal altère le chlorure d'éthyle, nous nous sommes décidés à ne plus mettre dans le commerce que des* **tubes scellés au feu,** *auxquels s'adaptent, facultativement, l'une ou l'autre de nos deux fermetures exclusives, un bouchon à vis ou un levier automatique. Du fait de cette disposition, sont écartés tous les inconvénients des anciens tubes fermés au caoutchouc : déperditions, obturation intempestive du capillaire, mauvaise odeur communiquée au produit, etc. La conservation parfaite et indéfinie du* **Kélène** *est ainsi complètement assurée.*

Le praticien trouvera facilement dans la collection que nous offrons le modèle qui lui conviendra le mieux. Les tubes de petit calibre sont indiqués pour les anesthésies là où elles sont trop peu fréquentes et où un gros tube risquerait de rester longtemps en vidange. Les tubes à siphon permettent d'opérer dans la cavité buccale sans masquer avec le tube la figure du patient. Le tube gradué enfin est destiné aux anesthésies dans les cliniques et partout où elles se renouvellent régulièrement.

Nous tenons également à la disposition de MM. les Médecins et Dentistes un masque *spécial créé pour la narcose au Kélène.*

Le Kélène

(CHLORURE D'ÉTHYLE PUR)

en Anesthésie locale et en Anesthésie générale

L'ANESTHÉSIE générale et l'antisepsie sont, à coup sûr, les deux grandes conquêtes de la médecine à la seconde moitié du siècle dernier. Mais, si l'antisepsie n'offre aucun danger, il n'en est pas de même de l'anesthésie. Si peu nombreux que soient les décès dus aux anesthésiques usuels : chloroforme, éther, l'anesthésie comporte un aléa, et pas un médecin ne peut se défendre d'inquiétude quand il voit endormir un être qui lui est cher.

On ne saurait donc trop désirer l'agent idéal qui supprimerait tout danger. Il n'existe peut-être pas, mais au moins, doit-on s'attacher à celui qui présente le moins de chances de danger de mort, qui touche le moins profondément le protoplasma de la cellule nerveuse, qui s'élimine le plus facilement et le plus rapidement possible.

Le danger de mort, capital sans doute, est rare, mais les anesthésiques ont bien d'autres inconvénients. Les vomissements, la stupeur, l'obnubilation, l'anéantissement des forces, qui s'observent constamment après l'anesthésie par le chloroforme et l'éther, placent l'opéré dans les plus fâcheuses conditions. L'opéré est réellement malade pendant deux ou trois jours, et malade du fait de son anesthésie. Ce n'est évidemment pas là un moyen de le mettre en état de faire les frais de réparation exigés par les atteintes d'une maladie antérieure.

L'anesthésique capable de supprimer cette conséquence éminemment fâcheuse aura vraiment de réels avantages. C'est le cas du chlorure d'éthyle pur (Kélène). Comme, d'autre part, le Kélène est moins toxique que le chloroforme et l'éther, on voit qu'il présente sur ces anesthésiques de sérieux avantages.

Comme il a été employé depuis 1894 par une multitude de chirurgiens, d'accoucheurs, de dentistes, en France, en Allemagne, en Angleterre, en Italie, en Amérique, etc., son étude est aujourd'hui complète, et la littérature médicale nous permet de nous rendre un compte exact de sa valeur.

I. — *Historique.*

Le chlorure d'éthyle figure aux anesthésiques dans le *Dictionnaire de thérapeutique* de Mérat et de Lens (1831).

En 1851, Flourens[1] faisait quelques expériences sur les animaux et reconnaissait le pouvoir anesthésique du chlorure d'éthyle.

En 1877, une Commission anglaise, puis Richardson[2],

[1] Acad. des Sciences.
[2] *Med. Times and Gazette.*

et en 1878, Steffen[1] donnèrent les résultats d'une pratique portant sur un petit nombre de cas.

En 1894, Carlson, dentiste à Gothenbourg[2], en 1896, Thiesing[3], dentiste à Hildesheim, en faisant de l'anesthésie locale par des pulvérisations de chlorure d'éthyle sur les gencives, s'aperçurent que plusieurs patients avaient eu de l'engourdissement et même de l'anesthésie générale.

Thiesing fit des expériences sur les animaux et employa le chlorure d'éthyle sur l'homme comme anesthésique général.

En 1896, le chlorure d'éthyle passe du cabinet du dentiste dans la salle d'opérations de von Hacker[4], d'Innsbruck, et son assistant Ludwig publie une première statistique favorable portant sur soixante-six anesthésies. L'année suivante, Lotheisen, autre assistant de von Hacker, publie une seconde statistique.

Puis les travaux se succèdent. Billeter, Wiesner, Redard, Brodtbeck, Dumont, Ruegg, Respinger, Rohn, Pircher, Helsted, Calinescu et Butoianu, Pollosson, Nové-Josserand, Malherbe, Gaudiani, Reboul (de Nîmes), Seitz, van Stockum, Aguilar, Donati, Bossart, Ware, Fochier, Fromaget, Gires, Girard, Grobon, Hartmann, Helsted, Kœnig, Lebet, Lepage et Le Lorier, Malherbe et Laval, Malherbe et Roubinowich, Manquat, Plauchu, Aurenche, Rabéjac, Turcan, Verneuil, etc., étudient le chlorure d'éthyle, soit cliniquement, soit expérimentalement et lui reconnaissent de nombreux avantages.

Cette littérature si nombreuse permet de se faire une

1 *Brit. Med. Journal.*
2 *Corr. f. Zahnaerzte*, 1895.
3 *Deutsche Monatsschr. f. Zahnheilkunde*, 1896.
4 *Beitraege zur klin. Chirurg*, vol. XIX.

opinion définitive sur la valeur du Kélène en anesthésie générale.

Nous avons connaissance actuellement de plus de 20.000 anesthésies dont les statistiques sont publiées.

Ceci permet d'affirmer que le nombre de ces anesthésies dépasse plusieurs centaines de mille, eu égard au grand nombre de praticiens qui ne font aucune publication.

II. — *Propriétés physiques et chimiques.*

Le chlorure d'éthyle, chloréthyle, éther éthylchlorhydrique, est un dérivé de l'alcool de vin.

Sa formule est C^2H^5Cl.

C'est un liquide incolore, d'une odeur éthérée agréable, d'une saveur douceâtre et sucrée.

Sa densité est de 0,920 à 0°.

La densité de la vapeur est de 2,219.

La tension de la vapeur est de 99 (cent. de mercure) à 20°, de 130 à 10°.

Le point d'ébullition est vers + 12° ; la volatilisation se produit rapidement à la température ordinaire, le point de solidification est à — 29°.

La Société chimique des Usines du Rhône appelle le produit particulièrement pur de sa fabrication « *Kélène* » (nom déposé) pour distinguer ainsi cette marque des chlorures d'éthyle plus ou moins rectifiés du marché.

La grande facilité de volatilisation du Kélène explique la rapidité de son action et de son élimination.

Elle explique aussi la commodité de son emploi pour l'anesthésie locale, car il suffit de la chaleur de la main qui tient le récipient en verre pour le faire entrer en ébullition et le projeter violemment hors du tube débouché.

Le Kélène est peu soluble dans l'eau (2 °/₀), plus soluble dans l'alcool. Il dissout le soufre, le phosphore, les huiles grasses, les essences, les résines. Il doit être neutre au tournesol. Ceci est une condition essentielle de pureté. On vérifie la pureté en projetant ses vapeurs dans l'eau : l'eau doit rester neutre, et si on l'additionne de nitrate d'argent, il ne doit se former aucun précipité. Un précipité blanc (chlorure d'argent) indiquerait la présence d'acide chlorhydrique libre.

Après évaporation, le Kélène ne laisse aucun résidu. Il est inflammable et, par conséquent, il faut éviter, comme avec l'éther, d'approcher de lui des flammes.

La teneur en chlore, calculée d'après la formule, est de 55,01 °/₀; Frésénius a trouvé à l'analyse 53,57 °/₀.

La préparation du chlorure d'éthyle se fait le plus avantageusement par notre procédé. Ce procédé repose sur la décomposition de l'alcool en présence de l'acide chlorhydrique $C^2 H^5 OH + H Cl = C^2 H^5 Cl + H^2 O$ (Wurtz).

La purification du produit est la partie importante de l'opération, car, ainsi que le dit le Dr Malherbe, la pureté de ce corps est d'une nécessité absolue; si la distillation est mal faite, il peut subsister dans le produit de l'acide chlorhydrique libre dont l'action sur la muqueuse respiratoire ne saurait être que des plus préjudiciables.

Il en est du chlorure d'éthyle comme du chloroforme et de l'éther : il doit être pur, sous peine d'accidents; le *Kélène*, préparé par la Société Chimique des Usines du Rhône, donne à cet égard toute garantie.

III. — Marche de l'Anesthésie.

Les caractéristiques de l'anesthésie par le Kélène sont .

1° La rapidité de son action ;

2° La rapidité du réveil ;

3° L'absence des troubles consécutifs. Tous les auteurs sont d'accord sur ces points.

Lorsqu'on fait respirer à une personne du Kélène au moyen d'un masque ou de la simple compresse, on constate tout d'abord, avec satisfaction, que le patient accepte et respire ces vapeurs sans aucune protestation.

Comme le dit Doyen[1], le patient ne suffoque pas, il ne se lève pas brutalement dès le début de l'anesthésie en réclamant de l'air, et M. Girard[2] ajoute : pas de cris, pas d'incohérence dans l'idéation, pas de divagation, pas de loquacité, ni larmoiement, ni toux, ni crachotement. à peine une passagère agitation, parfois une légère pause respiratoire.

Dès le début de l'inhalation, la face est légèrement congestionnée, mais au bout de quelques secondes elle reprend sa coloration normale.

Au bout d'une *demi-minute* à *trois minutes*, le sommeil arrive et le patient est insensible, les réflexes s'éteignent, la résolution musculaire se produit, mais incomplètement.

Dans certains cas, la perte de la sensibilité précède ou se continue après le sommeil, de sorte que l'opérateur taille sur un malade insensible à la douleur, qui le regarde opérer et répond à ses questions.

[1] *Rev. crit. de méd. et de chir.*, 1901.

[2] *Rev. de chir.*, 1902.

La *pupille* se dilate, le *pouls* est ralenti, la *respiration* est normale et ample.

Aussitôt le masque enlevé, le patient *se réveille* nullement obnubilé, presque comme s'il sortait d'un sommeil normal, répondant parfaitement aux questions, et capable de se lever de suite et de marcher.

Combien ce réveil est différent de celui qui suit l'administration du chloroforme et de l'éther !

Au surplus, le Dr Reboul[1], de Nîmes, qui a fait plus de mille narcoses au chlorure d'éthyle, s'est fait anesthésier lui-même et rapporte ainsi son observation :

« En juillet 1902, après avoir déjeuné comme d'habi-
« tude, j'arrivai à l'hôpital à 9 heures du matin, souffrant
« beaucoup d'un anthrax au bras et de quelques furoncles.
« Je priai mon ami le Dr Béchard et mes internes,
« MM. Bau et Rabéjac, de vouloir bien m'endormir au
« chlorure d'éthyle et de m'opérer. Dès la première inha-
« lation de chlorure d'éthyle il paraît que j'étais anes-
« thésié. Je n'ai éprouvé aucune sensation désagréable au
« début de l'anesthésie. A peine avais-je respiré profondé-
« ment le chlorure d'éthyle, que je me sentais transporté
« au sommet du pic du Sancy avec un beau soleil et un
« ciel radieux. Je me sentais porté sans pouvoir me rendre
« compte comment, et je descendais avec une rapidité
« prodigieuse, mais très agréable dans la vallée du Mont-
« Dore (j'avais fait cette excursion l'année précédente).
« A ce moment je me réveillai, on faisait le pansement.
« Je le voyais faire et j'avais la sensation que l'on touchait
« du carton ou une plaque de caoutchouc qui ne m'appar-
« tenait pas. Je m'assis sur la table d'opération, sans
« nausée, sans vertige, tout surpris d'être opéré : je pus

1 Congrès de Grenoble, 1904.

« me lever seul et me mettre à causer avec mon confrère « et mes internes. J'avais seulement la bouche un peu « pâteuse, un gargarisme à l'eau de Vichy fit cesser ce « petit malaise et je pus ensuite diriger une opération faite « par mes internes ; j'étais absolument lucide. En rentrant « chez moi, je déjeunai de bon appétit et je repris dans « l'après-midi mes occupations habituelles. »

Le Dr Maxwell[1], s'étant fait anesthésier au Kélène et opérer à 11 heures, a repris son travail au bout de dix minutes et, à midi et demi, déjeunait « joyeusement ».

Ces observations se passent de commentaires.

IV. — Analyse de l'Action physiologique.

Etudions maintenant en détail l'action du Kélène sur les divers appareils.

Action sur la pupille. — La pupille se *dilate*. Cette dilatation apparaît dès le début. D'après Nové-Josserand, elle indique que l'anesthésie est complète.

Toutefois elle n'est pas constante. Girard l'a notée dans 85 °/₀ des cas, Rabéjac dans 40 °/₀.

Malherbe et Laval estiment que la pupille est légèrement rétrécie.

La dilatation pupillaire paraît être le phénomène le plus habituel. Il est à remarquer que, dans l'anesthésie par le chloroforme et dans l'éther, la pupille est constamment retrécie.

[1] *Journ. of trop. Soc. med.*, février 1903.

Appareil circulatoire. — D'après Malherbe et Laval[1], Rabéjac[2], la *fréquence du pouls* observée dans trente-deux cas aurait donné les résultats suivants :

Augmentation de fréquence	4	cas
Diminution	20	—
État stationnaire	8	—

Toutefois Girard[3] mentionne que la fréquence est presque toujours augmentée.

La *pression artérielle* a été notée dans vingt-quatre cas par Malherbe et Laval et dans vingt-deux cas elle aurait été abaissée. Il est à noter que ces observations ont porté sur des enfants âgés de trois à dix ans.

La diminution du nombre des pulsations et l'abaissement de la pression artérielle paraissent être les phénomènes habituels, sinon constants. D'ordinaire, ces deux phénomènes ne marchent guère ensemble, le cœur battant d'autant plus vite qu'il a moins de peine à se vider (Marey).

Il y a donc lieu d'en chercher la raison.

Ruegg (de Bâle) a observé sur les méninges d'animaux trépanés une dilatation des artères périphériques ; le travail du cœur se trouve donc diminué.

Le ralentissement de cet organe ne pourrait être dû qu'à l'excitation des pneumogastriques ou à la paralysie du muscle cardiaque et de ses ganglions.

Or Lebet[4], en faisant circuler dans le cœur de la grenouille du sérum chargé de chlorure d'éthyle dans la pro-

[1] *L'Anesthésie au chlorure d'éthyle*, Paris, 1903.
[2] Thèse de Montpellier, 1902.
[3] *Revue de chirurgie*, 1902.
[4] *Bullet. Acad. royale de Med. de Belgique.*

portion de 25 centigrammes °/₀ (proportion énorme) n'a pas constaté d'affaiblissement des contractions.

D'autre part, Kœnig[1] a observé chez le lapin et le singe que l'air saturé de vapeurs de chlorure d'éthyle produit un abaissement de la pression et le ralentissement du pouls, mais ces phénomènes cessent si l'on coupe les pneumogastriques.

Le chlorure d'éthyle n'a donc pas d'effet fâcheux sur la contractilité cardiaque.

Du reste, tous les auteurs ont noté l'innocuité du Kélène sur les malades atteints de lésions cardiaques : lésions valvulaires, myocardite, et cette innocuité ne s'expliquerait pas si le Kélène avait une action déprimante sur le muscle cardiaque ou les ganglions moteurs.

Action sur le sang. — Camus et Nicloux[2] ont étudié récemment l'action du chlorure d'éthyle sur le sang, sa *pénétration*, sa *répartition*, son *élimination*. Il résulte de leurs expériences sur des chiens des faits très intéressants.

Si l'on fait une analyse du sang à la deuxième ou troisième minute, on constate que le sang renferme de 50 à 60 milligrammes de chlorure d'éthyle pour 100 grammes de sang ; une seconde analyse faite vers la dixième minute indique une proportion de 65 milligrammes.

Si on supprime l'anesthésique, il se produit presque instantanément, en une ou deux minutes, une chute de la proportion du chlorure d'éthyle qui tombe à 25 ou 12 milligrammes °/₀.

Ces expériences démontrent :

1° Que l'absorption du chlorure d'éthyle par le sang est

[1] Thèse inaugurale, Berne, 1900.
[2] *Journal de phys. et de path. gén.*, janv. 1908.

très rapide et que la dose maxima est presque atteinte dès le début de l'anesthésie.

Ceci explique la rapidité de l'anesthésie.

2° Que le chlorure d'éthyle disparaît du sang non moins rapidement, puisqu'il suffit d'une à deux minutes pour qu'il n'en reste plus que des traces.

Ceci explique la rapidité du réveil et l'absence des troubles consécutifs.

La rapidité de l'absorption et de l'élimination est du reste en rapport avec la rapidité de la respiration.

« Le chlorure d'éthyle, disent les auteurs, peut quitter « le sang avec une très grande rapidité, et ainsi une forte « proportion de cet anesthésique n'est pas aussi sûre- « ment dangereuse que l'est une forte proportion de chlo- « roforme. »

MM. Camus et Nicloux ont également étudié la *réparti-tion* du chlorure d'éthyle dans le sang : globules et plasma. Il résulte de leurs analyses que les globules en renferment environ trois fois plus que le plasma ; avec le chloroforme ils en renferment sept fois plus, avec l'éther quatre fois plus.

Globules du sang. — Le Dr Vittorio Brun [1] (de Turin) a étudié l'action du Kélène sur les globules rouges et blancs. L'examen du sang était fait la veille de l'opération, de suite après l'opération, au réveil, puis tous les jours, à la même heure, pendant cinq jours.

Ces observations ont été faites sur vingt enfants âgés d'un à dix ans. En voici les conclusions :

1° *Le taux de l'hémoglobine* reste invariable.

Si nous rapprochons ce fait de celui constaté par Camus

[1] *La Pediatria*, Naples, 1908.

et Nicloux, savoir que le chlorure d'éthyle se fixe principalement sur les globules rouges, on voit que l'anesthésique ne prend pas la place de l'oxygène.

2° *Le nombre des globules rouges* ne varie pas, ou ses variations sont dans les limites normales.

Par contre, les modifications des *globules blancs* sont caractéristiques.

Dans les premières vingt-quatre heures le nombre des globules blancs augmente parfois du simple au double.

Cette augmentation porte presque uniquement sur les *polynucléaires neutrophiles ;* elle dure trois ou quatre jours et disparaît.

Appareil respiratoire. — La respiration n'est pas sensiblement influencée.

Au début, elle est un peu accélérée par suite de l'impression des vapeurs sur la muqueuse aérienne, puis elle se ralentit et devient ample et régulière. S'il se produit de la respiration stertoreuse, ou un arrêt respiratoire, l'enlèvement du masque suffit à régulariser en quelques secondes la situation.

Dans leurs expériences sur le chien, Camus et Nicloux ont constaté l'augmentation de la fréquence et de l'amplitude de la respiration. La fréquence présente deux maxima, l'un vers la deuxième minute, l'autre vers la sixième ou huitième minute. Le premier est dû à l'excitation des pneumogastriques, car il ne se produit pas si l'on a au préalable sectionné ces nerfs. Le second est produit par excitation du centre respiratoire qui réagit à l'intoxication par de la polypnée.

Les vapeurs de Kelène ne sont pas irritantes pour les voies respiratoires : aussi, grand nombre de médecins ont-ils pu endormir sans inconvénient des malades atteints de bronchite, on sait que l'éther présente à cet égard de graves inconvénients.

Comme on a pu le voir par les expériences de Camus et Nicloux, le chlorure d'éthyle disparaît du sang très rapidement et cette disparition est d'autant plus rapide que la ventilation pulmonaire est plus active.

En cas de besoin, la respiration artificielle qui est si facile à faire assurera le départ du chlorure d'éthyle.

Système nerveux. — L'action sur le système nerveux diffère notablement de celle du chloroforme et de l'éther.

MM. Reboul, Malherbe et Laval divisent l'anesthésie en trois phases :

1° *Phase analgésique* de début, qui commence à la deuxième ou troisième inspiration et ne dure que 20 à 30 secondes. Le malade ne sent plus, mais il ne dort pas. Il peut parler, faire des mouvements.

2° *Phase anesthésique* caractérisée par l'insensibilité, le sommeil, la résolution musculaire (généralement incomplète), la perte des réflexes. Le malade dort tranquillement sans troubles de la respiration ni de la circulation.

Pour entretenir cette phase opératoire, il est nécessaire de maintenir, sans interruption, le patient sous l'influence des vapeurs de Kélène, car si ces vapeurs ne sont plus absorbées il se réveille instantanément. On peut ainsi la prolonger 30 à 45 minutes.

3° *Phase analgésique de retour*. Dès que l'on diminue l'absorption du Kélène, le malade se réveille, mais il est insensible. C'est alors qu'il peut causer et assister, sans douleur, à la fin de l'opération et au pansement.

Celui-ci terminé, le malade peut se lever et se promener.

Dans l'immense major es cas on ne nota aucune

excitation. Cela peut se produire néanmoins chez les sujets alcooliques et quelques névropathes.

La façon dont le Kélène est administré influe beaucoup sur la marche de l'anesthésie.

La clinique et l'expérimentation démontrent que l'anesthésie est d'autant plus rapide que la proportion du mélange d'air et de Kélène se rapproche de l'égalité.

Voici, comme exemple, une expérience de Kœnig, faite sur le singe :

Proportion du mélange.	Début de l'anesthésie.
1/10	7 minutes.
2/10	4 —
3/10	5 —
4/10	2 —
5/10	1 m. 1/2.
10/10 (parties égales)	quelques secondes.

Tube digestif. — Les troubles du tube digestif, vomissements, anorexie, soif, sont constants avec le chloroforme et l'éther. Avec le Kélène, ils sont sinon exceptionnels, du moins rares.

Girard[1] a noté des vomissements dans 39 pour 100 d'anesthésies, Lotheissen dans 10 pour 100, Ludwig dans 6 pour 100. M. Cardie (cité par Pieraccini[2]) n'en a observé que 4 sur 620 cas.

Presque toujours ils sont dus à l'absorption de boissons avant l'anesthésie.

Rabéjac redoute si peu les vomissements qu'il n'empêche pas de manger auparavant.

1 *Loc. cit.*

2 *Gazetta delle Marche*, 1903.

Nous avons cité le cas du Dr Reboul qui s'est fait endormir après avoir déjeuné et qui, après, a dîné comme si rien n'était.

Les vomissements, quand ils se produisent, se font en général au réveil et cessent au bout de quelques minutes.

Pour les éviter, il est préférable d'anesthésier le patient ayant l'estomac vide.

Action sur les reins et l'urine. — Girard *(loc. cit.)* n'a jamais pu retrouver le chlorure d'éthyle dans l'urine, mais il employait une méthode d'extraction un peu difficile. Peut-être la méthode de Camus et Nicloux (extraction par la pompe à mercure) permettrait-elle de déceler le chlorure d'éthyle dans l'urine.

L'*albuminurie* est rare. Vittorio Brun *(loc. cit.)*, Rabéjac ne l'ont pas constatée sur plusieurs milliers d'anesthésies. Malherbe et Laval, Girard l'ont observée soit chez l'homme soit chez le lapin.

L'*urobilinurie* a été observée dans quelques cas par Girard, par Malherbe et Laval.

L'*urée*, d'après Schifone[1], ne subit pas de modifications chez le chien.

La *perméabilité rénale* a été étudiée par Schifone au moyen de l'épreuve du *bleu de méthylène* suivant la méthode d'Achard et Castaigne.

L'auteur n'a constaté aucune différence dans la marche et la durée de l'élimination avant l'anesthésie et sous l'influence de l'anesthésie.

Le même auteur a également fait l'épreuve de la *glycosurie phloridzique* et observé que l'élimination du sucre se faisait aussi bien après l'anesthésie qu'avant.

1 *Il Policlinico*, 1904.

Dans ce cas encore il n'a observé aucune anomalie dans la marche de l'élimination.

Le Kélène ne trouble donc pas les fonctions de dépuration rénale.

Le professeur Cassanello[1], de Pise, s'est rendu compte de l'innocuité du Kélène chez les malades atteints d'affections rénales, même très graves.

Il cite notamment le cas d'un malade atteint d'une néphrite compliquée d'accès d'urémie répétés qui dut subir une amputation de la jambe et chez lequel la narcose au Kélène ne fut suivie d'aucun accès fâcheux ni immédiatement, ni dans la suite.

Aussi considère-t-il que cet anesthésique est surtout indiqué dans les maladies des reins.

Résolution musculaire. — C'est un fait à noter, avec le Kélène, la résolution musculaire n'est pas aussi complète qu'avec le chloroforme et l'éther. Il en résulte qu'il est moins indiqué pour la réduction des luxations.

La conservation des *réflexes sphinctériens* est parfaite.

Après l'anesthésie, on observe rarement la *rétention d'urine.*

V. — Action toxique.

Tous les anesthésiques étant toxiques, le chlorure d'éthyle l'est également Il s'agit seulement de montrer qu'il l'est moins que les autres.

Or, ce que nous avons dit de la fugacité de son action,

[1] *Clin. Mod.*, Florence, 1905.

de la rapidité de son élimination et du réveil, prouve manifestement que les cellules de l'organisme, du système nerveux particulièrement, ne sont pas sérieusement touchées par lui, beaucoup moins que par le chloroforme et l'éther, et qu'en conséquence il doit être moins dangereux.

D'autre part, les doses que l'on a pu faire inhaler sans danger à des hommes ou à des animaux prouvent son peu de nocuité.

Malherbe et Laval ont fait respirer à des chiens les vapeurs de 25, 30 grammes de Kélène sans inconvénient; d'après Girard, la dose anesthésique est de 25 grammes et la dose mortelle de 50 grammes pour le rat. Kœnig a fait respirer 130 centimètres cubes à un lapin, Rabéjac 90 grammes à un jeune chien, sans inconvénient. Kœnig, Rabéjac ont pu faire inhaler à l'homme 40 à 60 grammes de Kélène; Gaudiani, 120 centimètres cubes à un enfant.

Or, comme il suffit chez l'homme de faire inhaler 2 à 5 centimètres cubes pour obtenir le sommeil, et que cette dose peut être renouvelée huit à dix fois dans le cours d'une anesthésie de trente à quarante minutes, on voit que la dose maniable présente une grande élasticité.

Les accidents par les anesthésiques se produisent à deux moments différents, soit tout à fait au début, lorsque le patient n'a fait que quelques inhalations; soit au milieu de l'anesthésie. Ces derniers seuls sont imputables à une véritable action toxique par excès d'imprégnation de la cellule nerveuse.

Les premiers sont dus à des phénomènes réflexes et s'observent principalement chez les alcooliques et les nerveux et se produiraient vraisemblablement avec tout anesthésique. Pour les anesthésiques comme pour tout autre médicament, on peut tomber sur des malades qu'une idiosyncrasie spéciale rend particulièrement sensibles.

Un certain nombre de cas de mort par le chlorure d'éthyle ont été signalés et il est à remarquer que la plupart se sont produits au début de l'anesthésie et chez des dentistes. Or, les dentistes ont souvent la fâcheuse habitude d'endormir le patient assis et non couché, ce qui est une condition évidemment défavorable.

La manière d'administrer l'anesthésique joue un grand rôle dans la genèse des accidents. Il ne faut jamais étouffer le malade, mais l'habituer à inhaler l'anesthésique avec de l'air et ne diminuer que progressivement l'arrivée de l'air. Cette manœuvre prolonge un peu la période préanesthésique, mais avec le Kélène, cette période est si courte qu'il n'y aura pas beaucoup de temps perdu.

Il n'est pas facile d'établir par la statistique le calcul des probabilités d'accidents, car si les cas de mort sont volontiers publiés, on ignore le plus souvent le nombre des anesthésies.

En 1903, Grobon[1], étudiant la mortalité par les différents anesthésiques, arrive au pourcentage suivant :

Chloroforme . . .	1	mort pour	3.000	anesthésies.
Ether	1	—	5.000	—
Bromure d'éthyle .	1	—	8.000	—
Chlorure d'éthyle .	1	—	16.000	—

Le Dr Thomas Luke[2], professeur d'anesthésie à l'Université d'Edimbourg, estime que dans le Royaume-Uni il a été fait, de 1903 à 1906, plus de 3.000.000 d'anesthésies au chlorure d'éthyle avec une mortalité de 1 pour 150.000.

[1] Thèse de Lyon.

[2] *Lancet*, 24 nov. 1906.

Le Kélène est donc beaucoup moins toxique que le chloroforme et l'éther.

Haslebacher[1], Riccardo Cantaluppo[2] ont intoxiqué chroniquement des lapins par des inhalations prolongées et répétées de chlorure d'éthyle. Ils ont observé la dégénérescence graisseuse du cœur, du foie, des reins, la raréfaction des grains chromatophiles de la cellule nerveuse et quelquefois la dégénérescence hyaline de ses noyaux.

Il s'agit là de lésions dues à des intoxications chroniques.

VI. — Avantages du Kélène.

Nous ne saurions mieux faire que de reproduire en partie le chapitre que Rabéjac a consacré aux avantages du Kélène.

« On peut prendre à tour de rôle tous les phénomènes « qui se succèdent dans l'anesthésie ordinaire au chlorure « d'éthyle, il n'est pas un qui ne soit marqué au coin « de la bénignité.

« Prenons le chlorure d'éthyle au moment où commence « l'inhalation de ses vapeurs ; nous constatons déjà que « ces vapeurs ne sont de goût ni d'odeur désagréables et « que le sujet n'éprouve de leur part, aucune sensation « d'asphyxie ; il n'arrive jamais aux adultes raisonnables « de vouloir arracher de leur bouche la compresse anes- « thésique. A ce propos, je me souviens des sensations « que j'éprouvai en m'endormant un jour au bromure

[1] Thèse inaugurale, Berne, 1901.
[2] *Munch. med. Wochenschr.*, 1901-1902.

« d'éthyle, et une deuxième fois par le chlorure d'éthyle;
« je me livrai chaque fois à l'anesthésique avec le même
« sang-froid, avec le même calme, et cependant j'aurai
« toujours présente à la mémoire la réaction que j'oppo-
« sai aux premières bouffées de bromure d'éthyle et la
« sensation horriblement pénible d'asphyxie que me lais-
« sèrent ces premières inhalations. »

Cette sensation pénible d'asphyxie qui s'observe presque toujours avec le chloroforme, le bromure d'éthyle, le protoxyde d'azote, est nulle avec le kélène. C'est là un avantage considérable.

« Les malades s'endorment si naturellement avec le
« Kélène, qu'on a souvent de la peine à dire au bout d'un
« moment, s'ils sont, oui ou non, encore à l'état de
« veille ou à l'état de sommeil.

« Au point de vue de la rapidité de l'anesthésie, il ne
« saurait s'élever la moindre contestation et l'on ne con-
« naît pas encore d'agent anesthésique capable de pro-
« duire, en vingt secondes et même plus rapidement par-
« fois, en six secondes, dans un cas, une narcose
« complète. »

Donc l'anesthésie s'installe *rapidement et tranquillement.*

Le *réveil* est presque instantané, il est naturel et complet, les malades recouvrent en quelques secondes leur intelligence, leurs facultés, leurs forces. Ils peuvent causer, se lever, se promener. La période d'obnubilation, de schock et de prostration qui, après le chloroforme et l'éther dure quelquefois un ou deux jours, est supprimée. Le chloroforme et l'éther font d'un opéré un malade, le Kélène le laisse en bon état.

C'est là, on en conviendra, un avantage inappréciable.

Après le Kélène, les *vomissements* sont rares, *l'appétit est conservé*, les malades peuvent s'alimenter après une ou deux heures

En ce qui concerne l'action du Kélène sur les malades atteints de *maladies du cœur*, tous les auteurs sont d'accord sur son innocuité.

Comparaison du Kélène avec le Chloroforme et l'Éther

	KÉLÈNE	CHLOROFORME	ÉTHER
Impression des premières vapeurs.	Nulle.	Désagréable.	Désagréable.
Temps pour obtenir l'anesthésie.	1 à 3 minutes.	10-15 minutes	10-15 minutes.
Période d'excitation	Rare.	Fréquente.	Fréquente.
Pupille	Dilatée.	Rétrécie.	Rétrécie.
Fréquence du pouls	Diminuée.	Diminuée.	Diminuée.
Pression artérielle.	Diminuée.	Diminuée	Diminuée.
Respiration	Norm. ou accél.	Ralentie.	Ralentie.
Résolution musculaire	Souv. incompl.	Complète.	Complète.
Réveil	Rapide.	Lent.	Lent.
Période de prostration	Absente.	Constante.	Constante.
Retour de l'intelligence	Rapide.	Lent.	Lent.
Troubles digestifs.	Rares.	Constants.	Constants.
Indications et contre-indications .			
Maladies du cœur.	Indifférent.	Très dangereux.	Dangereux.
Maladies du poumon.	Indifférent.	Dangereux.	Très dangereux.
Maladies des reins	Indifférent.	A surveiller.	A surveiller.

« L'influence du chlorure d'éthyle est si peu marquée,
« dit Rabéjac, que les lésions valvulaires les plus accu-
« sées, les dégénérescences, les intermittences, les irrégu-
« larités n'ont jamais donné lieu au moindre accident
« pendant ou après l'anesthésie pratiquée par cet agent.
« Dans plusieurs cas même où le pouls du sujet était

« d'une intermittence marquée avant l'anesthésie, il resta « parfaitement régulier et de fréquence identique pendant « la narcose. »

Pour les affections des *voies respiratoires*, Rabéjac s'exprime ainsi : « Nous avons endormi des gens atteints « de toutes sortes de maladies aiguës où chroniques : « emphysèmes, asthmes, coqueluches, congestions pul- « monaires, pleurésies purulentes, tuberculose pulmo- « naire, etc., sans avoir eu à regretter jamais le moindre « accident, jamais aucune quinte de toux, aucune menace « de suffocation n'est venue interrompre le cours régulier « de l'anesthésie. »

MM. Reboul, Malherbe et Laval considèrent que le Kélène est spécialement indiqué dans les cas de maladies du cœur et des voies respiratoires.

Nous avons cité plus haut l'opinion favorable du professeur Cassanello sur l'anesthésie au Kélène chez les malades atteints d'*affections rénales*.

Les auteurs qui ont le plus employé le chlorure d'éthyle concluent ainsi :

« Sans préjuger l'avenir on peut dire que par l'anes- « thésie agréable, tranquille, sûre qu'il procure, par la « profondeur de son action, par la facilité du réveil « exempt de tout symptôme et de tout malaise gênant, le « chlorure d'éthyle se présente, malgré des difficultés « d'administration, comme un agent anesthésique de « beaucoup supérieur à l'éther, au chloroforme, au pro- « toxyde d'azote et au bromure d'éthyle » (Girard).

« L'absence de toute influence nocive sur le cœur, la « respiration, et le réveil presque immédiat, sans le « moindre malaise, me permettent de considérer le chlo- « rure d'éthyle comme parfaitement inoffensif » (Stockum).

M. le Dr Vittorio Brun qui a fait plus de deux mille anesthésies s'exprime ainsi :

« La sûre tranquillité avec laquelle on peut, dans tous « les cas, employer le chlorure d'éthyle, est spécialement « utile dans la pratique enfantine. »

Le professeur Schiffone dit : « Le chlorure d'éthyle est « absolument inoffensif pour l'organisme, comme on le « dit généralement. La narcose par le chlorure d'éthyle « présente de tels avantages qu'elle doit entrer définitive- « ment dans la pratique. »

Quelques chirurgiens font un reproche au Kélène. Avec lui, disent-ils, le réveil est trop rapide, le patient peut se réveiller au milieu de l'opération.

On peut répondre à cela d'abord que ce réveil prématuré ne se produit que par la faute de la personne chargée de l'anesthésie et qu'il peut être évité ; ensuite que la facilité du réveil est un si grand avantage pour le malade qu'il semble bien difficile de ne pas l'en faire profiter.

VII. — Indications.

D'une façon générale le Kélène est indiqué pour toutes les anesthésies, mais spécialement chez les malades atteints d'affections du cœur, du poumon ou des reins. Nous voulons dire par là qu'il fait courir moins de danger que le chloroforme ou l'éther.

Anesthésie mixte. — On reproche au Kélène de provoquer une anesthésie trop courte et de ne pouvoir être, pour cette raison, employé dans les opérations de grande chirurgie, celles qui durent longtemps. Tout d'abord il est possible de prolonger l'anesthésie au Kélène pendant 30, 55 (von Hacker) et même 70 (Seitz) minutes, temps suffisant pour faire de grosses opérations.

Des laparotomies, ovariotomies, hystérotomies, ont été faites par de nombreux chirurgiens, avec le chlorure d'éthyle, et cela pour le plus grand bénéfice des malades. Dans ces graves opérations il est essentiel que les forces du malade soient le moins possible déprimées, et le chlorure d'éthyle est à ce point de vue, bien supérieur au chloroforme et à l'éther.

La prolongation de la durée de l'anesthésie est une simple question de technique à laquelle les aides devront s'initier. Si le chirurgien, n'étant pas sûr de ses aides, craint un réveil trop rapide, il peut, à l'exemple de Pollosson, de Nové-Josserand, Reboul, etc., commencer l'anesthésie par le Kélène, et une fois le sommeil obtenu, la continuer avec l'éther ou le chloroforme. De cette façon, le malade est endormi rapidement, on évite la période d'excitation et le chirurgien a tout le temps nécessaire de faire une longue opération. Cette méthode a un autre avantage, c'est que les doses de chloroforme ou d'éther employées sont moins grandes ; on peut estimer qu'elles sont réduites de moitié. Avec l'anesthésie mixte il ne faut pas compter que le patient aura un réveil aussi facile ni aussi naturel qu'avec le Kélène seul, mais il est moins affaibli, ayant absorbé moins de narcotique, et c'est là encore un avantage appréciable.

Fernand Lemaitre *(Arch. de Stomat,*, juin 1908), à l'hôpital Lariboisière, fait l'anesthésie en trois temps : d'abord avec le chlorure d'éthyle pur, puis avec un mélange de chlorure d'éthyle et de chloroforme, enfin avec le chloroforme seul.

Récemment on a proposé d'autres méthodes d'anesthésie

mixte. MM. Drevon et Hauger[1] (de Saint-Étienne), imités par MM. Duchamp, Martel, Bonnain (de Brest), versent dans le masque, simultanément, de l'éther ou du chloroforme et du chlorure d'éthyle, puis, l'anesthésie étant obtenue, la prolongent avec le chloroforme ou l'éther seul.

MM. Rosenthal et Albert Berthelot[2] ont préconisé le mélange d'oxygène et de chlorure d'éthyle. Le Dr Lop[3] (de Marseille) qui emploie ce mélange depuis deux ans, s'en loue beaucoup dans les opérations de longue durée.

On voit donc que les moyens ne manquent pas d'utiliser le chlorure d'éthyle pour les grandes opérations.

Pour les opérations d'*oto-rhino-laryngologie*, Malherbe et Laval ont adopté le Kélène de préférence au bromure d'éthyle, parce qu'il est moins dangereux et qu'il endort à des doses moindres et plus rapidement. Ils reconnaissent au Kélène l'avantage de ne déterminer ni contracture, ni trismus, ni salivation, ni larmoiement, de sorte que les opérations sur les voies aériennes supérieures se font sans aucune difficulté.

En *oculistique*, Fromaget[4] (de Bordeaux) se loue de l'emploi du Kélène. « Cet agent, dit-il, me semble devoir remplacer l'emploi de la cocaïne, lorsque l'emploi de celle-ci est impossible ou insuffisant. Il est préférable au chloroforme ou à l'éther. »

En *gynécologie*, Math[5], Rabéjac, l'ont employé avec succès soit pour l'examen gynécologique avec résolution musculaire, soit pour le curetage de l'utérus.

Les incisions d'abcès du ligament large par la voie

1 *Arch. de stomatol.*, mars 1906.
2 Acad. des Sciences, janv. 1908.
3 *Arch. de stom.*, mai 1908.
4 *Recueil d'ophtalmologie*, 1901.
5 *Prager med. Wochenschr.*, 1899.

vaginale, l'extirpation de tumeurs, etc., etc., pourraient se faire avec le Kélène.

En *obstétrique*, Lepage et Lorier[1], Aurenche[2], l'ont utilisé avec succès et formulent les indications suivantes :

1° Au cours du travail, lorsqu'il est urgent d'extraire le fœtus avec le forceps ou pour version ;

2° Dans la période de délivrance, lorsque l'accoucheur est obligé d'aller chercher le placenta dans l'utérus ou pour extraire des membranes si la femme est pusillanime ;

3° Après la délivrance, pour pratiquer des sutures multiples du périné.

Il est certain que beaucoup de femmes, plus ou moins déchirées pendant le travail, refusent de se laisser recoudre dans la peur de souffrir encore ; elles se laissent persuader si on leur garantit l'anesthésie.

Odontologie. — Ce sont les dentistes qui ont les premiers essayé et préconisé le Kélène. Tous tendent aujourd'hui à le substituer au protoxyde d'azote.

M. Gires[3] indique certaines précautions qu'il faut prendre. Le malade peut être anesthésié assis, mais il est préférable de l'anesthésier dans une position se rapprochant de l'horizontale. La bouche doit être maintenue ouverte par un coin en caoutchouc, en bois, une pince à mors de plomb. Les dents à extraire seront minutieusement examinées auparavant et les instruments à portée de la main de l'opérateur. L'opération doit être faite rapidement, mais sans hâte.

En *chirurgie militaire*, Habart, Wiesner, médecin-major de l'armée autrichienne, font ressortir les avantages du

[1] *Gaz. hebd. de méd. et de chir.*, 1902.
[2] Thèse de Lyon, 1905.
[3] *Revue de stomatologie*, 1900.

Kélène qui permet d'opérer sur le champ de bataille, de transporter promptement le blessé à l'ambulance, car la narcose ne l'a pas sidéré comme le font le chloroforme et l'éther.

Si l'on considère que les blessures faites par les armes à feu nécessitent une prompte intervention, que la vie du soldat dépend de cette intervention, il est de toute nécessité que les chirurgiens, encombrés par les blessés qu'on apporte à chaque instant, puissent intervenir le plus vite possible. Or, l'anesthésie par le chloroforme demande autant de temps pour être obtenue que l'opération elle-même qui est généralement courte. Avec le Kélène on évitera une perte de temps considérable.

D'autre part, un blessé chloroformé ne peut s'évacuer à l'ambulance que couché. Dans beaucoup de cas, le blessé anesthésié au Kélène pourra être transporté assis. Ce sont là des avantages qui ne sont pas à dédaigner.

Il paraît cependant y avoir une contre-indication à l'emploi du Kélène, c'est l'inflammation du larynx. Divers auteurs, entre autres Mac Cardie [1], ont remarqué que, dans les cas de laryngite, d'œdème du larynx, il pouvait se produire des phénomènes de suffocation. Dans ces cas, le chloroforme paraît préférable.

Emploi du Kélène comme anesthésique local. — Vu sa grande volatilité, le Kélène projeté sur les tissus absorbe une grande quantité de chaleur et l'anesthésie par le froid est rapidement obtenue.

Comme il est enfermé dans des tubes en verre, il suffit de renverser le tube échauffé par la main pour le voir sortir en jet fin. La chaleur de la main peut le faire entrer en ébullition.

1 *Lancet*, 4 avril 1907.

VIII. — *Mode d'administration.*

Il est essentiel, au début, pour éviter les réflexes fâcheux, qu'on ne peut jamais prévoir, de donner graduellement le Kélène avec un mélange d'air suffisant.

La grande volatilité du Kélène, le retour rapide du réveil, imposent certaines conditions de technique.

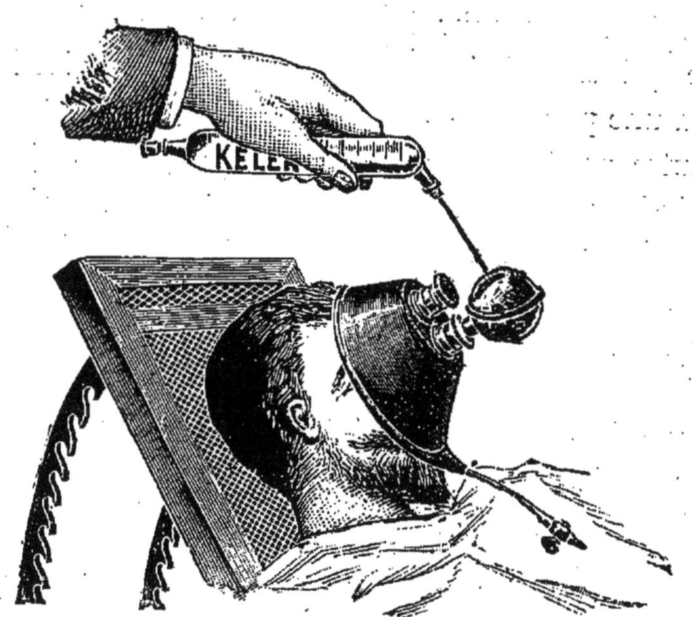

Masque de la *Société Chimique des Usines du Rhône.*

Le Kélène est livré au commerce par la Société Chimique des Usines du Rhône en tubes de verre scellés au feu, d'une contenance de 10 à 60 centimètres cubes. Ces tubes peuvent être fermés soit par un capuchon métallique, soit par un clapet se manœuvrant par un levier. L'ouverture est très petite, le liquide sort en jet filiforme. Une graduation marquée sur le tube indique la quantité de liquide utilisé.

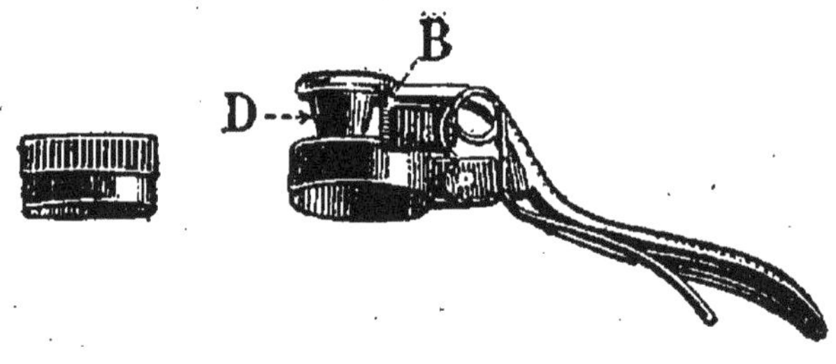

La Société Chimique des Usines du Rhone ne met dans le commerce que des tubes scellés au feu, qui assurent la conservation parfaite et indéfinie du produit.

Les tubes sont accompagnés d'un bouchon à vis ou d'une fermeture automatique (à levier).

Tubes prêts pour l'usage
munis des deux fermetures, à vis et à levier.

Pour les divers modèles de tubes, voir le prospectus spécial qui est adressé gratis et franco sur demande.)

Plusieurs systèmes de *masques* ont été préconisés, celui de la Société Chimique, de Ware (de New-York), de Guilmeth, de de Crésantignes, de Julliard, d'Esmarch, de Schulmeister.

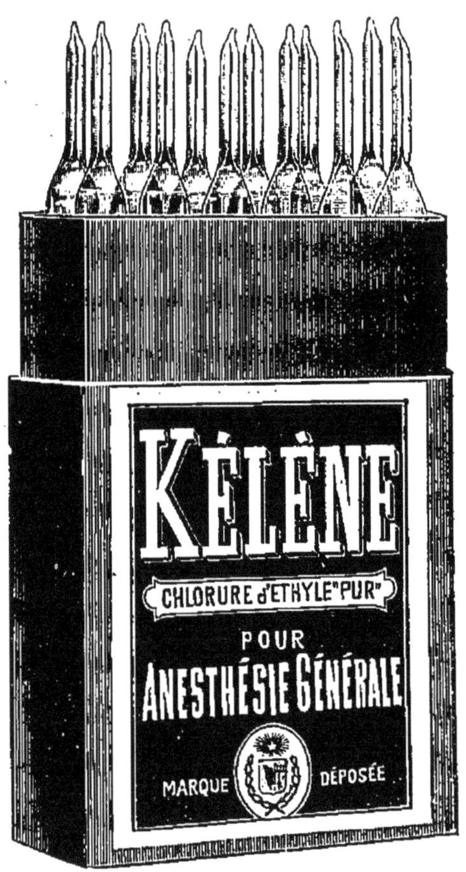

Boîte de 12 tubes de 3, 5, 7 ou 10 grammes pour Anesthésie générale.

Le masque de la Société Chimique des Usines du Rhône est en gutta-percha, le bord est garni par un coussin en caoutchouc gonflé d'air, ce qui assure la parfaite adhérence sur la face. Au fond du masque se trouvent deux soupapes, l'une d'aspiration, l'autre d'expiration. Sur la soupape d'inspiration se trouve une sphère creuse dans laquelle on met le coton sur lequel on verse l'anesthésique. Ce masque, très simple, très solide, évite les déperditions de vapeurs anesthésiques et facilite l'obtention du sommeil.

L'appareil de Guilmeth est plus compliqué. Un réservoir métallique renfermant le Kélène est entouré d'une boîte remplie d'eau chaude. Un robinet règle la sortie des vapeurs de Kélène produites par la chaleur et qui sont dirigées dans un masque.

L'appareil de de Crésantignes est un cornet conique communiquant à son sommet avec une vessie souple remplie d'un demi à trois quarts de litre. Au point de jonction du cornet et de la vessie est placée une éponge sur laquelle on verse le liquide. L'éponge est ainsi traversée par l'air inspiré qui vient de la vessie et par l'air expiré qui y retourne.

Stockum (extrait de la *Revue néerlandaise de médecine*, 1901) emploie un grand masque ayant une capacité de deux litres, en gaze recouverte de tissu imperméable.

Le Dr Siffre[1] se sert d'un masque en caoutchouc mou, où les vapeurs de chlorure d'éthyle arrivent par le moyen d'une ampoule que l'on brise.

Quel que soit le masque employé, il est nécessaire de l'appliquer à vide sur le visage du patient, afin de l'habituer à respirer dans cet appareil, et de ne verser l'anesthésique que lorsque les mouvements respiratoires se font régulièrement.

Les masques ont l'avantage de faciliter la saturation de

[1] *Lyon Méd.*, janv. 1905.

l'air inhalé par les vapeurs de Kélène, mais ils ont l'inconvénient de couvrir le visage ; les soupapes fonctionnent plus ou moins bien.

Malherbe et Laval, Reboul, Rabéjac, se servent d'une simple compresse ou mouchoir.

La compresse, pliée en quatre, est placée dans la main fortement creusée ; on projette dans les creux de la compresse le liquide et vivement on l'applique sur les narines et la bouche du patient, la main restant appliquée au-dessus et la soutenant.

Que l'on emploie le masque ou la compresse, l'air doit être surchargé de vapeurs.

La quantité première à verser est de 2 à 5 centimètres cubes suivant l'âge.

Il est essentiel qu'un silence profond soit fait autour de l'opéré.

L'anesthésie se produit au bout d'une demi-minute à trois minutes. Si elle ne s'est pas produite après trois minutes, ou verse à nouveau 2 à 3 centimètres cubes dans l'appareil inhalateur.

Dès que le sujet est endormi, ce dont on se rend compte par l'anesthésie, la résolution, la dilatation pupillaire, la disparition du réflexe palpébral, l'opérateur commence.

Si au bout de cinq à six minutes le patient donne des signes de réveil, on verse sur l'appareil une nouvelle dose de Kélène, 2 à 3 centimètres cubes, et ainsi de suite Les doses de Kélène peuvent être renouvelées six à huit fois. Ainsi on ne dépasse pas sensiblement la dose totale de 20 à 25 centimètres cubes.

La méthode des doses *espacées* est, d'après Rabéjac, Malherbe, Duval et Stockum, préférable à la méthode des doses *continues et massives*, qui emploie inutilement une plus grande quantité d'anesthésique et offre moins de sécurité.

Comme dans toutes les anesthésies, il faut recommander au patient d'être calme et de faire de profondes inspirations.

INDEX BIBLIOGRAPHIQUE

des principaux Travaux sur le Chlorure d'éthyle.

ALDERSON, *Nottingham medico-chirurgical Society*, janvier 1906.

ALKER et LAFITE-DUPONT, *Gaz. hebd. des Sc. méd. de Bordeaux*, juillet 1903.

AUDEBERT, *Bulletin médical*, avril 1903.

AURENCHE, *Chlorure d'éthyle en obstétrique*, 1905.

BANSFYLDE, *Therap. Gazette*, avril 1906.

BERLIOZ, *Journal des Praticiens*, février 1903.

BILLETER, *Schw. Vierteljahrschr. für Zahnheilk.*, 1897, 1901.

BOCKENHEIMER, *Zeitschr. für Aerzt. Fortbildung*, avril 1905.

BRODTBECK, *Schw. Viert. f. Zahnheilk.*, avril 1898.

BRUN et DAGASSO, *la Pediatria*, n° 3, 1908.

Bulletin médical, « Anesthésie par le chlorure d'éthyle », octobre 1902.

BURNETT, *The med. Press and Circular*, décembre 1902.

CAMUS et NICLOUX, *Journal de physiologie*, janvier 1908.

CAMUS, *Archives de stomatologie*, juin 1902.

CANTALUPO (Ricc.), *Wiener med. Wochenschrift*, n° 46, 1901 ; n° 3, 1902.

CARLSON, *Zahnärztliches Wochenblatt*, 29 juin 1895.

CASSANELLO, *la Clinica Moderna*, décembre 1905.

CHAMINADE, *Soc. de méd. et de chirurgie de Bordeaux*, déc. 1901.

CHAMPEAUX (DE), *Concours médical*, janvier 1904.

COPLAND, *the Hospital*, 8 décembre 1906.

CRESANTIGNES (DE), *Nouveaux Remèdes*, juin 1902.

CUNNINGHAM, *Archives de stomatologie*, juin 1908.
DALBAN, thèse à la Faculté de médecine de Lyon, juillet 1904.
D'ARGENT, *Revue odontologique*, mai 1893.
DEJACE, *le Scalpel*, mars 1902.
DELVIESMAISON, Communication au Congrès d'Anvers, septembre 1906.
DEROCQUE, *Rev. méd. de Normandie*, février 1902.
DREVON et HAUGER, *Archives de stomatologie*, 1906.
DUBMEL, *Caducée*, 1er août 1903.
DUMONT, *Handbuch der allg. und lok. Anaesthesie*, 1903.
EMBLEY, *Proceedings of the Royal Society*, décembre 1906.
— *Brit. med. Journ.*, 1902.
EMBLEY et MARTIN, *Journ. of Physiology*, 1905.
FAIRLIE-CLARKE, *Hospital Reports*, mars 1906.
FOCHIER, *Bull. Soc. chir. Lyon*, 1900.
FRIEDLAND, *Archives de stomatologie*, septembre 1906.
FRITEAU, *Odontologie*, mai 1904.
FROMAGET, *Presse médicale*, 29 juin 1901.
GARDIE, *Archives de stomatologie*, juin 1906.
GAUS, « Ueber Aethychlorid » (*Therap. Monats.*, 1893).
GASKEL and SHORE, *Brit. med. Journal*, janvier 1893.
GENDRON et SERVEL, *l'Ophtalmologie provinciale*, août 1906.
GIRARD, *Revue de chirurgie*, octobre 1902.
GIRES, *Revue de stomatologie*, janvier 1900.
GOMEZ (R.), *Gazz. Sicil. di Medicina e Chirurgia*, juin 1903.
GROBON, *Contrib. à l'étude du chlorure d'éthyle* (th., de Lyon, 1903).
HAFNER, *Schw. Viert. f. Zahnheilk.*, 1901.
HASLEBACHER, Inaug. Dissert, Berne, 1901.
HELSTED, *Bibliothek for Laeger*, VIII, Copenhague, 1902.
HERRENKNEGHT, *Aethylchlorid und Aethylchloridnarkose*, 1904.
HEWITT, *the Lancet*, 1904.
HILLIARD, *the Lancet*, décembre 1904.
HOTON, *Archives médicales belges*, février 1906.
HOTZ, *Schw. Viert. f. Zahnheilk.*, 1900.
JACOBS, *Progrès méd. belge*, 1901.

JEAY (Ch.), Congrès dentaire, Paris, 1900.
JEAY et PINET, *Odontologie*, Paris, 1900.
KIRKBY (L.-Thomas), *Brit. med. Journal*, mai 1906.
KŒNIG, Dissertation à l'Université de Berne, 1900.
KRONFELD, *Oester.-Ungar Vierteljahrsch.*, juillet 1899.
LABIGNETTE, *Chlorure d'éthyle pur comme anesth. gén.* 1902.
The Lancet, « The Purity of Ethyl Chloride », 2 décembre 1905.
— 30 décembre 1905.
LAVAL, *Caducée*, juillet 1903.
— *Bulletin médical*, mars 1908.
LEBET, *Bull. Acad. royale de méd. belge* (th. de Berne, 1901).
LE DENTU, Séance du 1er octobre 1902 à la Société de Chirurgie.
— *Bulletin médical*, octobre 1902
LE GARGAM, thèse de Paris, 1902
LEMAITRE (F.), *Gazette des Hôpitaux*, février 1908.
— *Archives de stomatologie*, juin 1908.
LEPAGE et LORIER, *Gaz. hebd. de méd. et de chir.*, mai 1902.
LOGAN, *the Dental Brief*, novembre 1902.
LOP, *la Presse médicale*, septembre 1905.
LOTHEISSEN, *Münchner med. Wochenschrift*, mai 1900.
LUDWIG, *Beitr. z. klin. Chir*, XIX, 3.
LUKE, *the Lancet*, mai 1906.
MAC CARDIE, *the Lancet*, avril 1903.
— *the Lancet*, octobre 1905.
— *Brit. medical Journal*, mars 1906.
— — — mai 1906.
MACKIE, *Brit. Medical Journal*, 1904.
MAC LENNAN, *Glasgow medical Journal*, octobre 1902.
MANQUAT, *Anesthésie générale au chlorure d'éthyle*, Paris, 1903.
— *Bulletin médical*, octobre 1904.
MALHERBE, *Archives de stomatologie*, janvier 1902.
— *Bulletin médical*, juin 1902.
— *Anesthésie générale au chlorure d'éthyle*, 1903.
— *Bulletin médical*, octobre 1904.
MALHERBE et STREPINSKI, Congrès de Chirurgie, Paris, 1900.
MARSHALL, *Liverpool med.-chirur. Journal*, septembre 1901.

MARTIN, *Lyon médical*, janvier 1905.
MATH, *Prager med. Woch.*, 1899.
MAXWELL, *Journal of Trop. Med.*, février 1903.
MURRAY, *the Lancet*, novembre 1905.
MOORE et ROAF, *Proc. Roy. Soc.*, vol. LXXIII, 1904.
NIERICKER, *Schw. Vierteljahrschr. für Zahnheilk.*, janvier 1902.
NOGUE (R.), *Archives de stomatologie*, septembre 1900.
— *Archives de stomatologie*, juillet 1901.
— *Archives de stomatologie*, juillet 1904.
NOVÉ-JOSSERAND, *Lyon médical*, juillet 1903.
OLIVIER, thèse de Bordeaux, 1903.
OMBREDANNE (Louis), *Gazette des Hôpitaux*, septembre 1903.
PASTOUR, *Bulletin médical d'Algérie*, mars 1905.
PIERACCINI, *Gazz. med. delle Marche*, nos 11 et 12, 1903.
PINEDRE, *Bulletin du Synd. des Chir.-Dentistes*, septembre 1906.
PIRCHER, *Weiner klin. Wochenschr.*, mai 1898.
PITSCH, *Revue de stomatologie*, février 1902.
PLAUCHU, *Journal d'obstétrique*, 20 septembre 1904.
POLLOSSON, *Revue de chirurgie*, juillet 1900.
POPOVICI, *Anestesia gen. in Kelen Spit.*, Bucarest, décembre 1900.
PROST, thèse de Lyon, 1904.
RABEJAC, thèse de Montpellier, 1902.
REBOUL, Communication au Congrès de Grenoble, août 1905.
RICHARDSON, *Med. Times and Gazette*, 1877.
RICHET (Ch.), *Bulletin médical*, mai 1902.
ROHN, *Prager med. Wochenschrift*, mai 1900.
ROSENTHAL et BERTHELOT, *Académie de méd.*, 6 janvier 1908.
RUEGG, *Zahnärztl. Rundschau*, novembre 1898.
SCHIFONE, *Il Policlinico*, juin 1904.
SEITZ (Constance), *Deutsche Zahnärzt. Wochenschr.*, avril 1902.
— *Deutsch. Monatsschr. f. Zahnheilk.*, 1902.
STEFFEN, *Berlin. klin. Wochenschr.*, 1872.
STOCKUM, *Weckblad. Tydschrift*, 1901.
Therapeutic Gazette, juillet 1903.
THIESING, *Deutsch. Monatsschr. f. Zahnheilk.*, 1896.

TOUVET-FANTON, *Archives de stomatologie,* septembre 1903.

TURCAN, *Contribution à l'étude de l'anesthésie générale par le chlorure d'éthyle,* 1902.

VERNEUIL, *Gazette des hôpitaux,* juin 1901.

— *le Scalpel,* juin 1901.

WARE, *Med. News,* août 1901.

— *Med. Record,* avril 1901.

— *Journal of the am. med. Ass.,* nov. 1902.

WIESNER, *Wiener med. Wochenschr.,* n° 28, 1899.

WILLY MEYER, *Medical Record,* avril 1898.

WINKLER, *Wiener med. Presse,* septembre 1899.

WOOD et CERNA, *the Dental Cosmos,* 1892.

TABLE

Introduction 3
I. — Historique. 6
II. — Propriétés physiques et chimiques 8
III. — Marche de l'anesthésie 10
IV. — Analyse de l'action physiologique 12
Action sur la pupille 12
Appareil circulatoire 13
Action sur le sang. 14
Globules du sang 15
Appareil respiratoire 16
Système nerveux 17
Tube digestif 18
Action sur les reins et l'urine 19
Résolution musculaire 20
V. — Action toxique 20
VI. — Avantages du Kélène 23
Comparaison du Kélène avec le Chloroforme et l'Éther. 25
VII. — Indications 27
Anesthésie mixte 27
Odontologie. 30
Emploi du Kélène comme anesthésique local . 31
VIII. — Mode d'administration 32
Index bibliographique des principaux travaux sur le Chlorure d'Éthyle 41

Lyon. — Imprimerie A. Rey et Cie, 4, rue Gentil. — 2350

www.ingramcontent.com/pod-product-compliance
Ingram Content Group UK Ltd.
Pitfield, Milton Keynes, MK11 3LW, UK
UKHW012300240726
13966UKWH00004B/1511